Maxime Du Camp

L'Éclairage
à Paris

essai

ISBN : 978-1533286284

10 9 8 7 6 5 4 3 2 1

Maxime Du Camp

L'Éclairage à Paris

essai

Table de Matières

Introduction

Il est d'un intérêt supérieur pour la bonne police des villes que les rues soient éclairées pendant la nuit, afin qu'on puisse y circuler sans peine, et que les gens de mauvais aloi y soient surveillés. L'idée si simple d'allumer des lanternes ou des flambeaux pour combattre l'intensité des ténèbres et répandre quelque clarté sur la voie publique est relativement moderne. Dès que le jour était tombé, Paris se remplissait jadis d'obscurité et de larrons, les habitants ne sortaient le soir qu'à leur cœur défendant ; ils se faisaient accompagner, quand ils le pouvaient, par des gens armés qui portaient des falots, et l'on s'applaudissait lorsque l'on rentrait sans encombre. MM. de Villiers écrivent à la date du 6 février 1657 : « Après le souper nous fismes mettre les chevaux aux deux carrosses, et nous donnasmes aux laquais des pistolets et des mousquetons pour nous escorter... Nous nous retirasmes sur les quatre heures du matin sans avoir fait aucune mauvaise rencontre.[1] » Nous n'en sommes plus là : quoiqu'il y ait encore plus d'un malfaiteur à Paris, nous pouvons nous promener la nuit sans fusil sur l'épaule. Nos boulevards, nos quais, nos rues, nos ruelles, — encore trop nombreuses, — s'illuminent presque instantanément dès que le crépuscule s'assombrit. Les mille constellations qui brillent au sommet de nos candélabres ne valent pas la lumière du soleil, que Du Bartas appelait « le grand-duc des chandelles, » mais elles projettent du moins des lueurs rassurantes et donnent à la ville une sécurité que les temps anciens n'ont point connue. L'éclairage actuel, que nos pères n'auraient même pas osé soupçonner, suffit largement à tous les besoins d'une capitale en activité, et il dépasse les espérances que l'on avait pu concevoir au moment où l'on commençait à le faire fonctionner. Il a en outre ceci de fort remarquable dans notre pays, où l'état est presque toujours forcé de se substituer à l'initiative individuelle en défaut, qu'il est produit par une compagnie industrielle particulière dont l'ampleur égale celle de nos grandes administrations publiques. Avant de parvenir à être éclairé chaque soir *a giorno* Paris a longtemps vécu dans les ténèbres ; il n'en est sorti qu'avec effort et par une série de tâtonnements qu'il est intéressant de faire connaître.

1 *Journal d'un voyage à Paris en 1657-1658.*

Maxime Du Camp

Partie I

Autrefois pendant les moments de trouble, qui étaient bien plus fréquents alors que de nos jours, les Parisiens étaient tenus, en vertu de vieilles ordonnances royales, d'antiques arrêts du parlement, de mettre sur leurs fenêtres de la lumière et au seuil de leur porte un seau d'eau. C'était tout ce que l'on avait imaginé de mieux pour déjouer les surprises à main armée et parer aux incendies possibles. Dès qu'un danger, si éloigné qu'il fût, menaçait Paris, on tâchait de faire allumer des chandelles. Lorsque, le 7 mars 1525, le parlement de Paris reçut la lettre que la reine-mère lui avait écrite le 4 de Lyon pour lui annoncer la défaite de Pavie et la captivité de François Ier, il décréta, séance tenante, que « les lanternes et lumières qui avaient été ordonnées être mises par cette dicte ville seront remises. » On n'écoutait guère, il faut le croire, de tels arrêts, et l'insouciance parisienne n'était alors guère plus attentive qu'aujourd'hui, car le 24 octobre de la même année le parlement renouvela sa prescription, et le 16 novembre 1526 le prévôt des marchands demande que les habitants soient forcés de placer des lanternes à leurs fenêtres. Pendant vingt-sept ans, la question est oubliée ; elle reparaît tout à coup et très vivement sous Henri II, le 28 septembre 1553. On avait profité de l'obscurité des rues pour coller sur les murailles des placards injurieux contre le prévôt des marchands ; celui-ci, qui paraît n'avoir eu qu'un goût médiocre pour la liberté de la presse pratiquée de cette façon, intervint auprès du parlement, qui édicta que le lieutenant-criminel serait tenu de faire mettre « lanternes et chandelles ardentes » aux fenêtres des maisons. Il n'en fut que cela, et Paris n'en vit pas plus clair.

La première tentative faite pour doter la ville d'un éclairage à peu près régulier date de 1558. Un arrêt, rendu le 29 octobre par le parlement et dirigé contre « les larrons, voleurs, effracteurs de portes et huis, » ordonne qu'il y aura un falot ardent au coin de chaque rue de dix heures du soir à quatre heures du matin, « et où les dictes rues seront si longues que le dict falot ne puisse éclairer d'un bout à l'autre, il en sera mis un au milieu des dictes rues. » On fit un « cri public » de l'ordonnance, qui fut lue et publiée à son de trompe. Le 24 novembre suivant, les commissaires du Châtelet, les quarteniers, les cinquanteniers, les dizainiers, accostés de deux notables bourgeois de chaque rue, sont chargés de faire le devis des frais probables et de désigner les endroits où devront être placées les lanternes « ardentes et allumantes. » Cette fois on s'exécuta sans y mettre trop de mauvaise grâce, et nous savons à quoi nous en tenir sur ce mode d'éclairage, que j'ai encore vu en action dans quelques villes de l'extrême Orient. Un poteau en bois muni de distance en distance de barrettes libres qui faisaient office d'échelons portait au sommet un bras de potence auquel pendait une chaînette soutenant un lourd panier de fer rempli de résine et d'étoupes qu'on allumait. C'était simplement un pot à feu qui ressemblait fort au fanal que les pêcheurs à la fouene mettent à l'avant de leur bateau. Si mince que fût le progrès, c'en était un : si la flamme goudronneuse dégageait bien de la fumée, elle projetait du moins une lueur rougeâtre sur laquelle il était possible de se diriger ; elle était supérieure à la mèche vacillante de ces veilleuses perpétuelles brûlant derrière une grille fermée, au pied des statues de saints et de madones dont Paris était plein à cette époque, clarté douteuse que soufflait le vent, et qui pendant tant de siècles fut le seul éclairage de la grande ville.

Ce furent nos troubles politiques qui éteignirent les falots. La ligue vint : toute prescription tomba en désuétude, et, pour faire acte d'indépendance, chacun s'empressa de désobéir aux lois. Ce que fut Paris à cette époque, ce que l'obscurité des rues pendant la nuit ajoutait à l'impunité qu'on laissait volontiers à toute violence, le journal de L'Estoile nous l'a raconté. Les chandelles paraissent mortes pour toujours ; on est plus d'un siècle sans en entendre parler. Sous le règne de Henri IV, sous la régence, sous Louis XIII, pendant la fronde, nul soin public à cet égard : on marche à l'aveuglette, Paris ne s'est pas encore rallumé. La nuit, les gens riches sortent escortés de laquais portant des torches, les bourgeois s'en vont la lanterne à la main, les gens pauvres se glissent à tâtons le long des murailles. Les guerres, les discordes civiles, ont jeté sur le pavé des troupes de malandrins qui s'embusquent au coin des ruelles sordides où l'on pataugeait alors, et font main basse sur les passants attardés.[1] Nous ne voyons guère ce temps qu'à travers des récits romanesques et les aventures peu édifiantes où excellaient les coureuses de la fronde. Ce fut une époque misérable entre

---

1 Sous Louis XIII, la moitié des rues de Paris n'étaient pas même pavées.

toutes ; Paris était un cloaque sans lumière et sans eau, il n'y avait que de la fange. « Nous sommes arrivés à la lie de tous les siècles, » dit Guy Patin.

Ce fut un abbé napolitain nommé Laudati Caraffa qui, s'apercevant que les Parisiens n'avaient pour se guider la nuit que

Cette obscure clarté qui tombe des étoiles,

imagina un moyen de s'enrichir tout en aidant les citadins à sortir le soir sans trop de malencontre. Il obtint le privilège exclusif d'établir à ses frais des porte-flambeaux et des porte-lanternes qui, moyennant une rétribution fixée et payée à l'avance, accompagneraient les gens dans leurs courses nocturnes. Les lettres royales sont du mois de mars 1662. Le début en est curieux ; c'est une peinture de nos anciennes mœurs qui a de l'intérêt pour l'histoire. « Les vols, meurtres et accidents qui arrivent journellement en notre bonne ville de Paris faute de clarté suffisante dans les rues, et d'ailleurs la plupart des bourgeois et des gens d'affaires n'ayant pas les moyens d'entretenir des valets pour se faire éclairer la nuit, pour vaquer à leurs affaires et négoce, souffrant une très grande incommodité et principalement l'hiver, que, les jours étant courts, il n'y a pas de temps plus commode à y vaquer que la nuit, et n'osant pour lors à se hasarder d'aller et venir par les rues faute de clarté, et sur ce notre cher et bien-aimé abbé Laudati Caraffe,[1] etc. » Le 26 août suivant, le parlement enregistra les lettres de Louis XIV, et imposa au concessionnaire certaines conditions qui ressemblaient à ce que nous appellerions aujourd'hui un « cahier des charges. » Les lettres avaient été communiquées au prévôt des marchands et aux échevins, qui, après enquête *de commodo et incommodo*, n'avaient point fait objection à la volonté royale. Le parlement enregistra l'acte de privilège, qui devait durer vingt ans, il déclara que les flambeaux-bougies ne pourraient être fournis que par les épiciers de Paris, qu'ils seraient du poids de 1 livre 1/2, de bonne cire jaune, timbrés des armes de la ville et divisés en dix parties égales ; chacune de ces portions, même si elle n'a été qu'entamée, sera payée 5 sous. Les porte-lanternes auront des lanternes à l'huile à « six gros lumignons ; » ils seront distribués par poste distant de

---

1 Les lettres patentes écrivent Caraffe, selon l'usage du temps, qui francisait les noms : Concini-*Conchin*, — Ruccellaï-*Rousselet*, etc. Ce Caraffa venait de Naples, où sa famille s'était compromise dans l'échauffourée du duc de Guise.

huit cents pas les uns des autres ; on les paiera à raison de 5 sous le quart d'heure quand on sera en carrosse ou en chaise, de 3 sous lorsqu'on sera à pied ; ils auront une lanterne peinte au-dessus de leur poste en guise d'enseigne, et à la ceinture a un sable » d'un quart d'heure aux armes de la ville. Lorsqu'on les prendra, ils allumeront leurs mèches, recevront la taxe, retourneront leur sablier, et se mettront en marche. C'était encore là de l'empirisme ; ces lumières ambulantes ne donnaient guère de sécurité à la ville, et les porteurs assommèrent plus d'une fois les personnes qu'ils accompagnaient. On les employait néanmoins faute de mieux, et on les employa fort longtemps, car nous les retrouverons au commencement du XIXe siècle.

Le véritable promoteur de l'éclairage public à Paris fut le fondateur même de notre police urbaine, Nicolas de La Reynie. Lorsque le 15 mars 1667 il fut nommé lieutenant-général de police, Louis XIV, qui savait à quoi s'en tenir sur l'état moral et physique de sa bonne ville, lui donna trois substantifs pour mot d'ordre : *netteté, clarté, sûreté.* Il y avait fort à faire pour remplir un tel programme dans une ville qu'on ne balayait jamais, qu'on n'éclairait pas, et que les voleurs infestaient. La Reynie y réussit pourtant dans une certaine mesure ; il prescrivit l'enlèvement des boues, il organisa des gardes de nuit, et créa un service d'éclairage régulier. Il s'était hâté de se mettre à l'œuvre, car l'édit qui prescrit rétablissement des lanternes est du mois de septembre 1667. C'étaient des chandelles enfermées dans une cage de verre suspendue par des cordes à la hauteur du premier étage des maisons. L'éclairage n'était que temporaire, car on estimait qu'il n'y avait pas d'inconvénient à laisser Paris dans l'obscurité pendant les courtes nuits d'été. Ce ne fut point l'avis des bons bourgeois, qui en cette circonstance se montrèrent plus perspicaces et plus généreux que la lieutenance de police, que la prévôté des marchands et que le parlement lui-même. Si faible que fût la lueur des chandelles, qui champignonnaient en brûlant au milieu des rues, elle avait suffi, le guet et la maréchaussée aidant, à diminuer le nombre des attaques nocturnes ; c'était une amélioration que les Parisiens avaient su apprécier avec gratitude. Les rues étaient à peu près sûres pendant l'hiver ; mais, dès que le printemps arrivait, les coupeurs de bourses se remettaient en route, et chaque nuit on entendait crier à l'aide ! En effet, les lanternes

n'étaient allumées que pendant quatre mois, du 1er novembre au
1er mars ; c'était une économie fort mal imaginée. Les bourgeois
firent requête sur requête pour obtenir que la ville fût éclairée
toute l'année. On réunit en assemblée les notables des seize
quartiers, qui formaient alors les divisions municipales, et on les
consulta. Au moment d'émettre un avis qui pouvait entraîner une
dépense annuelle assez importante, ils hésitèrent et furent moins
affirmatifs que dans leurs pétitions. Dix quartiers opinèrent pour
que l'éclairage durât du 1er octobre au 1er avril ; six déclarèrent qu'il
serait suffisant entre le 15 octobre et le 15 mars. Le prévôt donna
son opinion personnelle au parlement, qui, l'adoptant, ordonna
par arrêt du 23 mai 1671 que dorénavant l'éclairage commencerait
le 20 octobre et serait prolongé jusqu'au 31 mars. On gagnait
quarante jours, ou, pour mieux dire, quarante nuits.

Si médiocre que fût le système d'éclairage, il est le principe des
illuminations quotidiennes dont nous profitons aujourd'hui ;
il fit une véritable révolution qui ne déplut pas à ceux qui en
furent témoins. Le 4 décembre 1673, Mme de Sévigné écrit à sa
fille : « Nous soupâmes encore hier avec Mme Scarron et l'abbé
Têtu chez Mme de Coulanges ; nous trouvâmes plaisant de l'aller
ramener à minuit au fin fond du faubourg Saint-Germain, fort
au-delà de Mme de La Fayette, quasi auprès de Vaugirard, dans
la campagne. Nous revînmes gaîment à la faveur des lanternes et
dans la sûreté des voleurs. » On s'y était si vite accoutumé qu'on se
plaignait dès qu'elles n'éclairaient pas suffisamment, ce qui arriva
plus d'une fois ; il faut croire que les plaintes montaient haut, car en
janvier 1688 Seignelay écrit à La Reynie, de la part du roi, qu'il ait à
veiller au bon entretien « des chandelles, dont plusieurs ne brûlent
pas à cause de leur mauvaise qualité. » On a sur la disposition des
lanternes dans les rues le témoignage précieux d'un contemporain.
Le docteur Martin Lister, qui vint à Paris en 1698, a écrit dans la
relation de son voyage : « Les rues sont éclairées tout l'hiver, aussi
bien quand il fait clair de lune que pendant le reste du mois, et
je le remarque surtout à cause du sot usage où l'on est à Londres
d'éteindre les réverbères[1] durant la moitié du mois, comme si la
lune était bien sûre de briller assez pour éclairer les rues, et qu'il

---

1 Je laisse le mot *réverbère*, qui a été employé par le traducteur ; il me parait
inexact, car les réverbères n'ont été inventés qu'en 1745.

fût sans exemple de voir en hiver le ciel nébuleux. Les lanternes sont suspendues ici au beau milieu des rues, à 20 pieds en l'air et à une vingtaine de pas de distance. Elles sont garnies de verre d'environ 2 pieds en carré, recouvertes d'une large plaque de tôle, et la corde qui les soutient passe par un tube de fer fermant à clé et noyé dans le mur de la maison la plus voisine. Dans les lanternes sont des chandelles de quatre à la livre, qui durent jusqu'après minuit. Ceux qui les briseraient seraient passibles des galères ; trois jeunes gens de bonne maison qui par plaisanterie s'étaient amusés à en casser récemment furent mis en prison et ne furent relâchés au bout de plusieurs mois que grâce à la sollicitation des bons amis qu'ils avaient à la cour. » A la fin du XVIIe siècle, Paris était éclairé par 6,500 lanternes, qui brûlaient 1,625 livres de chandelles par nuit. Toutes les lanternes étaient marquées d'un coq, emblème de vigilance : à la nuit tombante, un homme passait par les rues, agitant une sonnette ; à ce signal, les bourgeois étaient tenus de lâcher la corde fixée au mur de leur maison, de descendre la lanterne et d'allumer les chandelles, qui réglementairement devaient brûler jusqu'à deux heures du matin.

Jusqu'alors la bourgeoisie parisienne avait fourni aux frais nécessités par le nettoiement et l'éclairage des rues à l'aide d'une taxe consentie, qui s'élevait à la somme de 300,000 livres ; mais en 1704, à l'heure la plus ardente de la guerre de succession, Louis XIV eut besoin d'argent, et, quoiqu'on fût encore bien loin du traité d'Utrecht, il en demanda sous prétexte de donner la paix à ses peuples, tout en déclarant qu'il offrait « un moyen qui pouvait donner des fonds commodes pour les dépenses de la guerre. » Le « moyen » qu'il proposa aux Parisiens est fort simple : il leur permit de racheter la taxe des 300,000 livres au denier 18, c'est-à-dire pour 5,400,000 livres, somme énorme si l'on a égard au temps. Entre la royauté et Paris fut conclu en réalité ce que les hommes de loi nomment un contrat synallagmatique et bilatéral, car par l'édit du 1er janvier, « perpétuel et irrévocable, » la royauté s'engageait à nettoyer et à éclairer la ville à ses propres frais, moyennant un capital déterminé une fois versé. Les bourgeois propriétaires reçurent l'autorisation de faire payer la taxe à leurs locataires, afin de recouvrer de cette façon l'intérêt de l'argent qu'ils avaient remis au roi, mais il est fort douteux qu'ils aient pu en profiter. Si, comme il en a été question, l'administration de la ville de Paris voulait frapper les habitants d'une imposition sur l'éclairage public, il serait intéressant de remonter aux origines et se demander si le traité intervenu entre Louis XIV et les Parisiens n'a plus aucune valeur aujourd'hui malgré le caractère de perpétuité dont il fut revêtu et qui en assura l'exécution.

Pendant le terrible hiver de 1709, on n'alluma pas souvent les lanternes dans Paris ; la disette des bestiaux était telle qu'on n'avait plus de suif pour faire les chandelles ; on avait du reste augmenté, un peu le temps d'éclairage fixé par l'arrêt du 23 mai 1671. On enlevait les lanternes au mois d'avril, on les remisait dans les magasins de la prévôté, et dès le 1er septembre on les remettait en place. Dans la nuit du 27 au 28 août 1715, Louis XIV, qui touchait à sa fin, fut si mal qu'on crut qu'il allait trépasser. Le duc d'Orléans envoya un courrier à d'Argenson pour lui donner l'ordre de faire immédiatement poser et allumer les lanternes dans le cas où le dauphin serait obligé de traverser Paris afin de se rendre à Vincennes, « à quoi les vitriers travaillèrent sans relâche, dit Buvat, à qui j'emprunte l'anecdote, parce qu'elles ne devaient être posées que les premiers jours de septembre. » Quatre ans après, on fut obligé de les renouveler, car un ouragan tellement violent s'abattit sur Paris pendant la nuit du 16 au 17 janvier 1719 que presque toutes les lanternes furent brisées ; « les branches de fer qui les soutenaient sur le Pont-Neuf, dit le même Buvat, en furent courbées et même rompues, quoiqu'elles eussent trois pouces en carré de grosseur. »

Ce genre d'éclairage était bien insuffisant, et plus de la moitié des rues restait dans l'ombre ; Sterne le constate dans le livre charmant que tout le monde a lu. Il est venu deux fois en France, en 1762 d'abord, puis en 1764 ; il a raconté sa seconde visite dans le *Voyage sentimental*. Depuis le 19 avril 1763, la troupe de l'Opéra-Comique, qui jouait à la foire Saint-Germain, avait été réunie aux Italiens, qui donnaient leurs représentations rue Mauconseil, à l'hôtel de Bourgogne. C'était un théâtre très fréquenté : tout Paris, comme l'on disait déjà y courait pour voir *les trois Sultanes*. Il est donc probable que les alentours étaient éclairés avec quelque soin, et qu'on avait pris des précautions pour en rendre les abords faciles. « Il y a, dit Sterne, un passage fort long et fort obscur qui va de l'Opéra-Comique à une rue fort étroite. Il est ordinairement fréquenté par ceux qui attendent humblement l'arrivée d'un fiacre, ou qui veulent se retirer tranquillement quand le spectacle est fini. Le bout de ce passage, vers la salle, est éclairé par une petite chandelle dont la faible lumière se perd avant qu'on arrive à l'autre bout. Cette chandelle est peu utile, mais elle sert d'ornement ; elle paraît de loin comme une étoile fixe de la moindre grandeur : elle brûle et ne fait aucun bien à l'univers. » Si les environs d'un théâtre à la mode étaient éclairés de la sorte, que penser du reste de la ville ?

Ce fut un peu plus tard, en 1766, que parurent les premiers réverbères pour l'invention desquels des lettres patentes avaient été délivrées, le 28 décembre 1745, à l'abbé Mathérot de Preigney et à Bourgeois de Château-Blanc. Une mèche de coton baignant dans l'huile était substituée aux chandelles, et un réflecteur étendait le champ atteint par la lumière. Lorsque l'on se décida à remplacer les anciennes lanternes, qui étaient presque centenaires, il en existait 8,000 à Paris et dans les faubourgs ; elles disparurent devant 1,200 réverbères, dont la clarté était, dit un auteur du temps, égale, vive et durable. On croyait être arrivé au *nec plus ultra*, et l'on se moqua des lanternes, comme aujourd'hui nous nous moquons des réverbères, comme nos enfants sans doute riront de nos candélabres. On les laissait allumés toute l'année, excepté pendant les nuits de pleine lune ; qu'il y eût des nuages ou non, qu'on y vît ou qu'on n'y vît pas, la mèche était morte, et les passants avaient tout loisir de se casser le cou. On revint de ce sot usage quelques années avant la révolution, sur l'initiative de Lenoir, le lieutenant de police ; on se contenta d'éteindre un réverbère sur deux lorsque la lune était dans sa plus grande période de croissance. Cette médiocre économie a duré assez longtemps pour permettre à Scribe de chanter :

Un réverbère éteint

Qui comptait sur la lune…

On généralisa tant que l'on put l'emploi des réverbères : les goûts de la nouvelle cour y contribuèrent. « Marie-Antoinette et le comte d'Artois, dit Bachaumont, étant spécialement souvent en route, la nuit, de Versailles à Paris et de Paris à Versailles, » on fit éclairer d'une façon permanente le chemin depuis Versailles jusqu'à la porte de la Conférence. C'est pendant l'hiver de 1777 que ce travail fut fait ; de sorte que l'on pouvait aller de la résidence royale à la grande avenue de Vincennes sur une route munie de lumières : cinq lieues et demie de réverbères ! on n'avait jamais été à pareille fête. Mercier, tout frondeur qu'il est, ne s'en tient pas, et il s'écrie : « Aucune ville ancienne ni moderne n'a offert ce genre de magnificence utile. » Tant de réverbères se balançant sur la corde, tant de clarté jetée dans les rues, n'avaient point ruiné l'industrie des porte-flambeaux, qu'avait créée jadis Laudati Caraffa : ils encombrent la porte des hôtels où l'on reçoit, ils sont à la sortie des théâtres, ils vaguent sur la voie publique, tenant à la main leur lanterne numérotée par la police, criant à tue-tête : *Voilà le falot* ! Ils vont chercher des fiacres, ils aboient les voitures de maîtres, ils accompagnent les passants attardés jusqu'à leur domicile, montent à leur appartement et y allument les bougies. On prétend qu'ils rendaient volontiers compte le matin au lieutenant-général de police de tout ce qu'ils avaient remarqué pendant la nuit, et qu'en cas d'alerte ils couraient avertir le guet. Cela est fort possible et n'est point fait pour nous surprendre ; de vieilles estampes nous les montrent portant la lanterne de la main gauche, tenant un fort gourdin de la main droite, et précédant un jeune couple qui n'a pas l'air de penser aux voleurs. Ils traversent toute la révolution, et on les retrouve encore aux premiers jours de notre siècle, car dans l'arrêté du 12 messidor an VIII, qui détermine les fonctions du préfet de police, il est dit : « Il fera surveiller spécialement les places où se tiennent les voitures publiques pour la ville et la campagne, et les cochers, postillons, charretiers, brouetteurs, porteurs de charges, porte-falots. »

Pendant toute la durée de la période révolutionnaire, on ne s'occupa guère de l'éclairage ; le mot ne se trouve même pas sur les répertoires du *Moniteur universel*. Cependant le réverbère jouera son rôle, un rôle sinistre ? le cri : *à la lanterne* ! a retenti plus d'une fois, et plus d'une fois aussi la corde passée autour du cou d'un malheureux a servi à hisser celui-ci au sommet des immenses F de fer qui s'élevaient sur les ponts et sur la place de Grève. Nous précédions les Américains dans l'application de ; la loi de Lynch, loi cruelle, absurde, aussi inexorable pour le bourreau que pour la victime, car elle conduit infailliblement les peuples à la barbarie et à l'abrutissement. Le mot de l'abbé Maury dépasse l'instant où il a été prononcé, il atteint l'avenir, et n'a encore rien perdu de sa froide vérité. « A la lanterne ! — En verrez-vous plus clair ? »

Quoi qu'il en soit de ces faits, les réverbères restaient d'assez ternes lumières que déjà l'industrie privée avait fait en matière d'éclairage un progrès considérable. Les lampes n'étaient autrefois qu'un récipient plein d'huile dans lequel trempait un écheveau de coton ; l'huile, agissant par voie de capillarité, mouillait les fibres, mais n'entraînait avec elle qu'un volume d'air trop mince pour brûler toutes celles-ci ; alors la mèche charbonnait, fumait et ne produisait qu'une clarté insuffisante. C'est la lampe antique ; elle existe encore dans l'Italie méridionale et en Orient. Un Genevois nommé Aimé Argand imagina de tisser des mèches en fils de coton, de les placer entre deux tubes dans l'intervalle desquels circule incessamment un courant d'air qui active la combustion, nourrit la flamme et vivifie la clarté. Une cheminée de verre, placée sur la lampe et enveloppant les tubes, servait à augmenter le tirage et à empêcher tout dégagement de fumée. Le 5 janvier 1787, Argand reçut du parlement des lettres patentes équivalant à un brevet d'invention et au droit d'exploitation exclusive. La nouvelle découverte fit fortune, chacun prétendit y avoir des droits, et un apothicaire intrigant appelé Quinquet donna son nom à la lampe d'Argand, un peu comme Americo Vespucci avait baptisé les terres pressenties et trouvées par Colomb.[1]

Ces améliorations, qui eurent pour résultat de faire substituer presque partout l'usage des lampes à celui des chandelles et des bougies, n'atteignirent point les réverbères ; ceux-ci, fumeux et peu éclairants, étaient toujours alimentés par l'ancien système. On en avait successivement augmenté le nombre : ils étaient à une ou plusieurs mèches. En 1817, on en compte 4,645, renfermant 10,941 becs ; en 1820, 12,672 becs sont contenus dans 4,553 lanternes. Le 17 février 1821, on fit, place du Louvre, l'essai d'un nouvel éclairage inventé par un ferblantier-lampiste nommé Vivien ; c'était simplement l'application du courant d'air d'Argand

---

1 La lampe d'Argand avait un inconvénient majeur : le réservoir d'huile, disposé de façon à être plus haut que la mèche, faisait ombre d'un côté ; ce fut Carcel qui, en inventant un mouvement d'horlogerie installé dans le pied même, créa réellement la lampe moderne en 1802.

Maxime Du Camp

aux tubes qui portaient la mèche allumée. Tous les réverbères de Paris furent renouvelés sur un modèle uniforme. Ce sont ceux-là qui ont duré jusqu'à l'établissement de l'éclairage au gaz ; nous les avons connus, et sans grande peine nous en pourrions voir encore, car il s'en faut qu'ils aient tous disparu. Ils se balançaient au-dessus des ruisseaux, qui alors coulaient au milieu des voies publiques. Des hommes embrigadés par la préfecture de police, à laquelle le service d'éclairage de Paris appartint jusqu'au décret du 10 octobre 1859, qui le fit passer dans les attributions de la préfecture de la Seine, et qu'on nommait les *allumeurs*, étaient exclusivement chargés des soins à donner aux réverbères. Protégés par une serpillère qui garantissait leurs vêtements contre les taches d'huile, coiffés d'un chapeau très plat sur lequel ils portaient une vaste boîte de zinc contenant leurs ustensiles indispensables, ils ouvraient chaque matin la serrure qui fermait le tube de fer où glissait la corde de suspension. Le réverbère descendait avec un bruit désagréable et arrivait à hauteur d'homme. On le nettoyait alors, on récurait la plaque des réflecteurs, on essuyait les verres, on coupait la mèche, et dans le récipient on versait la ration d'huile de navette ou de colza ; puis chaque soir, à la tombée de la nuit, on les allumait. C'était sale, lent et fort incommode pour les voitures, qui étaient obligées d'attendre que la toilette de la lanterne fût terminée.

Les cochers n'aimaient point les réverbères et pestaient contre eux ; en effet, les conducteurs de fiacre, les postillons de diligence et de malle-poste, y accrochaient leur fouet, et bien souvent n'emportaient qu'un manche, car la lanière entortillée autour de la corde y restait suspendue. Pour certains enterrements d'apparat, lorsque le corbillard surmonté d'un catafalque atteignait une hauteur anormale, il fallait que la police fît enlever les réverbères et détacher les cordes. Deux fois, dans des circonstances analogues, pour des funérailles souveraines, on s'est trouvé fort empêché. Le 21 janvier 1815, lorsque l'on exhuma du cimetière de la Madeleine les restes de Louis XVI et de Marie-Antoinette pour les transporter aux caveaux de Saint-Denis, on avait négligé de relever les réverbères ; le char funèbre s'accrocha dans les cordes, on eut quelque peine à le dégager. L'accident se renouvela successivement plusieurs fois ; le duc de Rovigo affirme dans ses *Mémoires* que la foule était très en

gaîté, et que l'on ne se gêna pas pour crier en riant : A la lanterne !
Au mois de décembre 1840, lorsque l'on rapporta aux Invalides
la dépouille de Napoléon Ier, toute précaution avait été prise, et
l'immense cénotaphe, parti de Courbevoie, arriva sans encombre
à la cour d'honneur où les vieux soldats l'attendaient ; mais,
lorsqu'il fallut reconduire le char monumental aux magasins des
pompes funèbres, on fut arrêté tout net par le premier réverbère
que l'on rencontra ; personne n'avait pensé à faire dégager la route
qui conduisait à la remise. On fut obligé de l'abandonner sur le
boulevard des Invalides, où il passa la nuit.

Pendant les jours d'émeutes, et ils furent nombreux sous la
restauration et le gouvernement de Louis-Philippe, les réverbères
étaient le point de mire de tous ces incorrigibles gamins qu'on
cherche à poétiser aujourd'hui, qui ne méritent que le fouet, et
qui bourdonnent autour des émotions populaires comme des
mouches autour d'un levain de fermentation. A coups de pierres,
ils cassaient les verres des lanternes ; les plus lestes grimpaient sur
les épaules de leurs camarades, coupaient la corde, et se sauvaient
ensuite à toutes jambes pour éviter les patrouilles qui arrivaient
au bruit de la lourde machine rebondissant et se brisant sur le
pavé. Il suffisait parfois d'un quart d'heure à ces drôles pour mettre
une rue dans l'obscurité. Si les archives de la préfecture de police
n'avaient point été incendiées au mois de mai 1871, j'aurais pu dire
quelle somme les gouvernements issus de 1815 et de la révolution
de juillet ont eu à payer pour réparations de réverbères. A la fin
du règne de Louis-Philippe, Paris était éclairé par 2,608 réverbères
fournissant 5,880 becs et par 8,600 lanternes à gaz. Une découverte
scientifique exclusivement française avait donné à l'éclairage une
puissance inconnue, tout en permettant de le multiplier dans des
proportions que l'on croyait hyperboliques et dont nous jouissons
à notre aise. Il était réservé au gaz d'apporter dans nos villes une
clarté qui en fait l'ornement et la sécurité.

Partie II

Sous le règne de saint Louis, il existait à Paris un rabbin célèbre,
nommé Ézéchiel, grand liseur de grimoires, familier du diable,

Maxime Du Camp

expert en toutes sorcelleries ; Use servait d'une lampe qui brûlait sans mèche et sans huile. Le peuple le savait, et parlait souvent de la lampe merveilleuse. Plus d'un souffleur de fourneaux initié au grand œuvre tenta de retrouver la lampe du vieux rabbin, nul d'entre eux n'y put réussir ; leur grande trouvaille a été ce tour de physique amusante qu'on appelle « la lampe des philosophes : » si, dans une fiole, on verse de la limaille étendue d'eau, et qu'on y ajoute de l'acide sulfurique, il se dégage du gaz hydrogène qu'on peut enflammer, et qui donne une lueur bleuâtre. C'est bon tout au plus à amuser des enfants. L'admirable découverte à laquelle nous devons le gaz, avec toutes les forces éclairantes, chauffantes et motrices qu'il comporte, est due à un Français, à Philippe Le Bon. C'était un ingénieur des ponts et chaussées très intelligent, inventeur de génie, car il savait apercevoir toutes les conséquences d'un problème résolu. Il ne découvrit pas le gaz : on savait avant lui que le gaz hydrogène était inflammable ; mais il indiqua le premier, et d'une façon magistrale, les moyens de le préparer, de l'épurer et de l'utiliser. Sa destinée fut celle de la plupart des grands bienfaiteurs de l'humanité ; il dota le monde d'une découverte admirable qu'on lui disputa, périt misérablement et mourut pauvre.

Le Bon était né le 29 mai 1767, près de Joinville, dans cette partie de la Champagne qui devint plus tard le département de la Haute-Marne. Il avait trente ans et faisait à Paris le cours de mécanique à l'École des ponts et chaussées, lorsqu'il imagina d'étudier la nature des gaz produits par la combustion du bois. Du premier coup, avec une sagacité extraordinaire, il trouva le principe sur lequel la fabrication du gaz hydrogène carboné est fondée. Brûlant du bois en vase clos, il fit passer la fumée qui s'en dégageait à travers une nappe d'eau ; le liquidé condensait immédiatement toutes les parties bitumineuses et ammoniacales dont la fumée était chargée, et laissait échapper un gaz pur qui, enflammé, donnait une vive lumière accompagnée d'une chaleur intense. Il perfectionna ses moyens d'action, et le 6 vendémiaire an VIII (28 septembre 1799), il prit un brevet d'invention ayant pour objet « de nouveaux moyens d'employer les combustibles plus utilement, soit pour la chaleur, soit pour la lumière, et d'en recueillir les divers produits. » Comme combustible, il indiqua le bois et la houille. Deux ans plus tard, — et ceci est fort remarquable, — le 25 août 1801, il demanda et obtint un certificat d'addition pour la construction de machines mues par la force expansive du gaz. C'est le principe de ce moteur Lenoir qui partout est utilisé aujourd'hui. Le Bon s'était établi rue Saint-Dominique-Saint-Germain, dans l'ancien hôtel Seignelay, et y avait fait construire des appareils qu'il nommait *thermolampes*, car il cherchait à utiliser à la fois la production de la chaleur et celle de la lumière. Il fit des expériences publiques, et d'après la description qui en a été publiée on voit que c'était une illumination complète des appartements, des cours, des jardins par mille points lumineux qui affectaient la forme de rosaces, de gerbes et de fleurs. Tout Paris cria au miracle, et le rapport officiel adressé au ministre de la marine déclare que les résultats ont dépassé et les espérances des amis des sciences et des arts. »

Ce qui, dans cette invention nouvelle, frappa le ministre et le premier consul ne fut pas l'avantage qu'on en pouvait facilement retirer pour l'éclairage public, ce fut que la distillation du bois produisait du goudron à bon marché. Qu'on se reporte à l'époque ; notre marine était détruite, on ne rêvait que de la restaurer, de faire des navires à tout prix et de reconstituer une flotte qui permît sur mer une lutte presque égale. On accorda à Philippe Le Bon la concession d'une partie de la forêt de Rouvray, près du Havre, pour qu'il y fabriquât du goudron. La paix d'Amiens avait attiré des Anglais en France, quelques-uns s'associèrent à Le Bon, partagèrent ses travaux et trouvèrent dans ses procédés une simplicité pratique qu'ils n'oublièrent pas lorsque la reprise des hostilités les rejeta de l'autre côté de la Manche. D'un naturel confiant, Philippe Le Bon admettait volontiers les étrangers à visiter la grande exploitation qu'il dirigeait, et qui fournissait à la marine des quantités considérables de brai. Il reçut les princes Galitzin et Dolgorouky ; ceux-ci lui offrirent de venir exploiter sa découverte en Russie aux conditions qu'il fixerait lui-même ; il refusa en déclarant qu'il n'appartenait qu'à son pays. Les principaux fonctionnaires de France furent mandés à Paris vers la fin du mois, de novembre 1804 pour assister aux fêtes du sacre de Napoléon, sur le front duquel le pape allait poser la couronne éphémère de l'empire. Philippe Le Bon fut invité ; le jour même du couronnement, 2 décembre 1804, il sortit le soir dans les Champs-Elysées et y fut assassiné. On a prétendu que quelques hommes de la bande de Cadoudal,

restés à Paris, l'avaient pris pour l'empereur et l'avaient mis à mort ;
c'est là une des mille rumeurs contradictoires qui coururent à cette
époque, sur un événement dont nul encore n'est parvenu à percer
le mystère. Philippe Le Bon avait trente-sept ans, et l'on peut dire
qu'il mourut tout entier, emportant dans la tombe un nom qui fût
devenu illustre entre tous, et que l'on est surpris de ne pas lire sur
les murs de cette halle construite aux Champs-Elysées pour y loger
l'exposition universelle de 1855.

La veuve de Philippe Le Bon essaya en 1811 de renouveler
rue de Bercy, dans le faubourg Saint-Antoine, les expériences
du thermolampe ; elle y réussit, attira la foule, qui s'émerveilla.
L'Académie des Sciences fit un rapport auquel prirent part
Gérando et Darcet ; l'empereur, par décret du 2 décembre 1811,
accorda une pension de 1,200 francs à Mme Le Bon, qui n'en put
jouir longtemps, car elle mourut en 1813. La découverte échappait
à la France ; elle ne devait y revenir qu'en 1815, avec les alliés, car
le brevet pris par Philippe Le Bon expirait en 1814, et l'on n'avait
point songé à le renouveler au, nom de son fils mineur. Le brevet
fut pris par un Allemand naturalisé Anglais, nommé Winsor, qui
dans une polémique postérieure dont on peut trouver trace dans
le *Journal des Débats* du 9 juillet 1823, reconnaît « avoir été un des
premiers en 1802 à rendre un tribut, d'éloges à M. Le Bon. » C'était
encore une application du *sic vos non vobis* dont l'histoire des
inventions est pleine. La famille de Philippe Le Bon était ruinée,
mais du moins l'humanité allait profiter des découvertes que notre
compatriote avait faites.

Winsor avait créé dès 1804 une société à Londres pour éclairer
la ville par le gaz hydrogène ; il lui fallut attendre jusqu'en 1810
les autorisations nécessaires, et pendant ce temps différents essais
avaient été tentés, principalement par Murdoch à Birmingham
en 1805. Le brevet d'importation de Winsor pour Paris est daté
du 1er décembre 1815 : au mois de janvier 1817, le passage des
Panoramas fut éclairé ; une société se forma qui liquida forcément
en 1819, après avoir exécuté l'éclairage d'une petite portion du
Luxembourg et du pourtour de l'Odéon. Les premiers efforts
des compagnies ne furent point heureux ; la population semblait
réfractaire à ce genre d'éclairage ; on en redoutait les dangers, on
l'accusait de vicier l'air respirable, et, avec l'esprit de routine qui

chez nous a tant de puissance, on faisait une résistance sourde et continue à cet admirable progrès. A la société Winsor succède la compagnie Pauwels ; une société parallèle se forme sous le nom de Compagnie royale, elle est soutenue par la liste civile, ses affaires n'en vont pas mieux, elle est sur le point de mettre la clé sur la porte et ne se sauve qu'en se réunissant à une nouvelle compagnie anglaise formée à Paris par Manby-Wilson. On fut bien lent avant de prendre un parti sérieux, et l'on attendit quinze ans, de 1815 à 1830, pour donner aux Parisiens une fête de lumière qui pût leur prouver la supériorité évidente de ce genre d'éclairage ; enfin dans la nuit du 31 décembre 1829 au 1er janvier 1830, la rue de la Paix fut éclairée au gaz ; six mois après, c'était le tour de la rue Vivienne. Le procès était gagné ; très prudemment, un à un pour ainsi dire, on décrocha les vieux réverbères, et on les remplaça par des candélabres. L'opposition du reste fut des plus ardentes, et bien des hommes d'un vif esprit, d'une grande intelligence, firent à l'établissement du nouveau mode d'éclairage une guerre acharnée. Charles Nodier se distingua par une violence extrême : les arbres meurent, les peintures des cafés noircissent, des gens sont asphyxiés, des voitures versent dans un trou creusé au milieu de la chaussée, le feu a pris à la maison, la devanture d'une boutique a sauté, le choléra s'abat sur la ville, — à qui la faute ? Au gaz hydrogène. Il ne tarit pas, il y revient sans cesse ; les sept plaies d'Égypte lui semblent préférables. Le gouvernement de juillet n'en tint compte, passa outre et fit bien. Nous avons dit qu'à l'heure de la révolution de février Paris comptait déjà plus de 8,000 lanternes à gaz.

Plusieurs compagnies s'étaient organisées, une première fusion les rapprocha en 1855 ; mais après le décret d'annexion de la banlieue à Paris on se trouva en présence de diverses exploitations industrielles qui alimentaient les communes suburbaines. L'unité de service et de fabrication, si utile en pareil cas, n'existait plus. Pour remédier à cet inconvénient, on réunit toutes les sociétés en une seule sous le titre de *Compagnie parisienne d'éclairage et de chauffage par le gaz*. C'est celle qui fonctionne aujourd'hui. Elle éclaire Paris et pousse même ses conduites à plusieurs kilomètres au-delà des murs d'enceinte. Son siège administratif est rue Condorcet, sur l'emplacement qu'occupait jadis l'usine à gaz établie par Pauwels ; c'est une vaste maison qui ressemble à un petit ministère et qui n'a

Maxime Du Camp

rien de curieux. Pour fabriquer le gaz nécessaire à la consommation de Paris, il ne faut pas moins de dix grandes usines, qui sont situées aux Ternes, à Saint-Denis, à Maisons-Alfort, à Passy, à Boulogne, à Ivry, à Saint-Mandé, à Vaugirard, à Belleville et à La Villette. C'est celle-ci que nous visiterons, car elle est plus vaste, plus active, plus populeuse que les autres ; Elle est énorme et couvre un terrain superficiel de 33 hectares.

Tout en haut de la rue d'Aubervilliers, au-delà d'une maison peinte en rouge qui est un hôtel garni à l'enseigne du grand Molière, et qui est décorée d'un buste de Racine, dans une contrée perdue, triste et pleine de masures, l'usine s'élève à côté des fortifications. Dès qu'on a franchi la grille, on croit pénétrer dans le pays mystérieux dont parlent les Arabes, dans le pays où l'on fait les nuages. En effet, du milieu de la grande cour s'échappent d'énormes panaches de vapeur blanche que le vent tord, éparpille et dissipe, tandis que les hautes cheminées des fourneaux poussent vers le ciel des torrents de fumée. Des hommes vêtus de souquenilles couleur de charbon, en sueur et noirs de poussière, passent en charriant des houilles incandescentes qu'on répand sur les pavés et qu'on éteint à l'aide de quelques seaux d'eau. Des collines de coke, si hautes que pour pouvoir les exploiter on a été obligé d'y tracer des chemins, se dressent dans des chantiers réservés ; devant les bâtiments où flambent les fours serpentent des tuyaux qui ressemblent à de gigantesques tuyaux d'orgues : nul bruit, si ce n'est peut-être celui d'une charrette qui traverse la cour ou d'un chien qui aboie. Ce n'est pas cependant que l'activité fasse défaut ; mais on agit et l'on ne parle pas. Bâtiments en briques, pavillons d'habitation en pierres meulières, uniformément tapissés d'une nuance triste empruntée à la suie et à la houille, — tout cela a l'air en deuil, et c'est fort laid.

L'usine est très complète ; elle a dévastes ateliers où elle construit les appareils en fer dont elle a besoin, une briqueterie où elle fait ses cornues, une distillerie où elle utilise les eaux ammoniacales et une goudronnerie où elle fabrique le brai. Le chemin de fer de ceinture traverse rétablissement et lui permet d'expédier directement ses produits dans toute la France, tandis qu'un embranchement spécial du chemin de fer du Nord lui apporte les charbons d'Angleterre et de Belgique. Dans l'ensemble de toutes ces industries, de toutes ces forces concourant au même but, il y a une grandeur imposante et pratique dont il est difficile de ne pas être frappé. Paris ne se doute guère de la somme d'efforts, du nombre d'hommes, de la quantité de trains de wagons, de la longueur des galeries de mine qu'il faut pour que chaque soir, lorsqu'il se promène sur ses boulevards, il puisse s'arrêter et lire son journal à la clarté d'un bec de gaz. — « Qu'est-ce que tu as le plus admiré à Paris ? » demandais-je à un Arabe d'Oumkaled-el-Moukalid que j'avais piloté. Il me répondit : « Les étoiles que vous mettez la nuit dans des lanternes ! »

Pour obtenir du gaz hydrogène carboné propre à la combustion et fournissant une belle lumière, il est indispensable de distiller la houille en vase clos. Après s'être procuré les charbons de terre dont elle a besoin, la compagnie fabrique les vases clos qui lui sont nécessaires : ce sont des cornues ; elles ne rappellent en rien les ballons de verre terminés par un tube horizontal qui portent ce nom et dont on fait usage dans les laboratoires de chimie. La cornue où doit brûler la houille est énorme ; si on y ouvrait une porte, elle servirait facilement de guérite à un soldat : debout elle mesure ordinairement 3 mètres de haut sur 64 centimètres de large ; elle a la forme d'un D majuscule retourné, dos plat et ventre légèrement rebondi. Comme on en use à peu près 3,000 par an dans les usines de la compagnie, on comprend que celle-ci les fasse elle-même : aussi a-t-elle installé à La Villette une briqueterie modèle. Des monceaux de terres argileuses, venues de Champagne, blanchâtres, et assez friables, sont amassés à portée des ateliers, où on les amène dans des brouettes. On les écrase à l'aide d'un broyeur mécanique ; deux lourdes roues de fonte, mues à la vapeur, tournent incessamment dans une auge et pulvérisent la glaise desséchée ; quand celle-ci est réduite en poussière, qu'elle a été tamisée au blutoir, on la jette dans la cuvette d'un *malaxeur*, après l'avoir mêlée à quelques débris de vieilles cornues cuites et recuites, mises hors de service par les feux d'enfer qui en ont brûlé les flancs. Le malaxeur est une roue verticale en fonte qui tourne dans une ornière où un soc ramène toujours les parties de terre que le mouvement centrifuge repousse sur les bords ; quelques gouttes d'eau ajoutées au mélange permettent de le rendre homogène, et, en le broyant sans repos, d'en faire un seul corps qui est « la pâte. » Il faut une heure un quart environ pour donner à l'argile et aux fragments de cornues un degré convenable de trituration.

Maxime Du Camp

Ce malaxeur, instrument fort simple, économique et très utile, est d'invention récente. Il n'y a pas douze ans que ce travail était confié à des ouvriers, qui, pieds nus et jambes découvertes, piétinaient les terres humides par un mouvement de talon incessamment répété : opération très lente qui pour chaque « airée de pâte » exigeait seize ou dix-huit heures d'une gymnastique en place, horriblement fatigante, pénible à voir, et qui rendait l'homme promptement impotent, car elle déterminait aux membres inférieurs des chapelets de varices dont on ne guérissait jamais.

La pâte est ensuite divisée en pavés carrés qui sont remis aux mouleurs. Ceux-ci sont chargés de confectionner la cornue. L'argile est étendue sur la face interne de moules en bois composés de plusieurs pièces que l'on superpose facilement jusqu'à hauteur réglementaire. C'est à coups de marteau qu'on l'applique, car on ne saurait prendre trop de soins pour donner à la terre une cohésion parfaite et une épaisseur aussi égale que possible. Une simple feuille de papier mouillée suffit à éviter toute adhérence entre le moule et la matière plastique. Lorsque la cornue sort de là elle est grise, luisante et d'un poids considérable. On lui fait alors au sommet une série de rainures assez profondes en forme de T retourné destinées à fixer plus tard les boulons de l'armature de fer qui en fera réellement des vases clos. Terminées, les cornues ressemblent à de petites tourelles couronnées de créneaux. On les place dans un courant d'air pour qu'elles perdent l'humidité qu'elles contiennent encore ; puis, lorsqu'on les croit suffisamment sèches, on les fait cuire. C'est une grosse opération qui exige dix-huit journées de vingt-quatre heures. On les porte dans le four immense ; on les dispose de telle sorte que la chaleur puisse circuler autour et en pénétrer toutes les faces ; puis on mure l'ouverture à l'aide de briques réfractaires, et on allume le feu. Il ne faut pas « saisir » l'argile encore humide, qui se briserait en se rétractant sous un souffle trop chaud ; on procède donc avec une prudente lenteur. Pendant six jours, on entretient un feu moyen ; puis on active le foyer, et pendant six autres jours le fourneau dégage la température du rouge-cerise. Les six derniers jours sont employés à ralentir progressivement la chauffe pour éviter qu'un refroidissement trop prompt n'amène des accidents. Grâce à ces précautions, les cornues ne sont jamais brisées ; le les ai vues sortir du four encore tiède, jaunes comme de la paille, sonores sous le doigt, cuites à point et aptes à supporter sans faiblesse les feux qui les attendent dans les ateliers de distillation.

Ces ateliers sont une immense halle rouge et noire, feu et charbon, — énormes fourneaux en briques réfractaires d'où s'élancent des tuyaux de fonte ; on n'y entend que le ronflement des flammes et le raclement des pelles sur le pavé. La chaleur n'y est pas positivement tempérée ; on y rôtit. Équipe de jour, équipe de nuit, cela n'arrête jamais. Paris est un gros brûleur de gaz, il faut savoir ne pas se reposer, si l'on veut lui en fournir à discrétion. Haletants, en nage, toujours en action, des hommes surveillent la grande machine incandescente, et, comme des salamandres, semblent traverser les feux impunément. Lorsque tous les fourneaux sont en activité, c'est un spectacle grandiose, et je suis surpris qu'il n'ait encore tenté aucun peintre de talent. La halle abrite huit batteries, chaque batterie est composée de seize fours, chaque four contient sept cornues. L'énorme foyer, — un volcan, — est alimenté avec du coke. Lorsqu'à l'aide d'une longue gaffe en fer on ouvre la porte d'un des fourneaux, on aperçoit une masse éclatante et vermeille, piquée de points lumineux d'une insupportable blancheur : de l'or en fusion. Sur la face extérieure des fours apparaissent des parties saillantes en fonte ; ce sont les têtes des cornues, fermées à l'aide d'un obturateur qui a la forme d'un bouclier. De chaque tête de cornue part un tuyau particulier qui, après avoir dépassé ce que l'on pourrait appeler le toit de la batterie, se coude et va aboutir dans une sorte de huche en forte tôle boulonnée que l'on nomme le *barillet*. Le barillet est surmonté d'une série de tuyaux qui se dégorgent dans une immense conduite traversant tout l'atelier à hauteur du plafond : c'est le collecteur ; en outre un tuyau vertical partant également du barillet et descendant le long de la muraille du fourneau semble se perdre dans le sol et correspond à un canal souterrain. Dès à présent, on peut deviner ce qui se passe : les matières gazeuses, montant par les tuyaux d'ascension, se réunissent dans le collecteur ; les matières solides ou liquides, déversées dans le barillet, s'en échappent et coulent vers la terre par la conduite qui leur est réservée.

Devant les batteries, des tas de charbon de terre sont répandus ; la houille est mise face à face avec le foyer qui va la dévorer. C'est là une précaution naturelle ; mais il est de première nécessité dans les usines à gaz de ne jamais employer que des charbons secs. Seul le charbon sec fournit un gaz léger, pur, éclairant ; s'il était imprégné d'humidité, il ne donnerait que des produits de qualité si médiocre qu'il serait difficile de les utiliser. C'est pour cette raison qu'à La Villette les monceaux de houille sont abrités par des hangars, et que les provisions nécessaires à la distillation sont toujours amassées dans l'atelier même plusieurs jours à l'avance, afin d'atteindre une siccité presque complète. Chaque demi-batterie de huit fours est servie par huit hommes : un chauffeur, deux chargeurs, un tamponeur, quatre déluteurs. La cornue est ouverte ; les deux chargeurs arrivent, ramassent à l'aide de larges pelles la houille étalée devant eux, et la lancent dans la cornue. L'inflammation est instantanée ; dès que le charbon de terre a touché l'argile rougi e au feu, il flambe. En deux minutes, une cornue est chargée ; elle a reçu environ 140 kilogrammes de houille. L'adresse de ces hommes est extraordinaire ; pas un fragment de charbon, pas une escarbille ne s'écarte de la route tracée. Quand la cornue qu'il faut nourrir est placée à 1 mètre 1/2 du sol, l'acte se décompose en trois mouvements : l'homme se baisse, remplit sa pelle, se relève, donnant à sa taille toute la hauteur qu'elle comporte ; puis, par un geste absolument horizontal des bras, il lance la pelletée noire dans la gueule embrasée ; la précision est si parfaite qu'elle a quelque chose d'automatique et d'antihumain.

Dès que la cornue a reçu sa ration, le *tamponneur* saisit un obturateur, — un tampon, — garni d'argile délayée à la face interne ; la barre de fer qui surmonte celui-ci transversalement s'engage dans des oreillettes saillant aux deux extrémités de la tête de la cornue ; un pas de vis, qui se manœuvre à l'aide d'un tourniquet, permet de l'appliquer sur l'ouverture, qu'il oblitère hermétiquement. La langue effilée d'une flamme passe encore ; l'homme donne un tour de vis de plus, et l'œuvre de transformation devient invisible. On saura où est le gaz, on suivra les diverses opérations qu'il doit subir encore, mais nul ne l'apercevra avant le moment où il brillera dans nos candélabres. Entre l'instant où il est jeté au vase clos sous forme de charbon et celui où il reparaît éclatant de lumière, il n'a plus qu'une vie souterraine et mystérieuse.

Pendant que j'étais là m'éloignant des fours, qui me brûlaient le visage, admirant la façon de faire des chargeurs, que je ne me lassais pas de regarder, j'ai entendu le coup de sifflet d'une locomotive, et j'ai vu arriver à côté des fourneaux un train de charbon. Les wagons se sont arrêtés, se sont vidés dans l'atelier même. Ils arrivaient directement de Belgique, où très probablement ils avaient été chargés à la mine même, et venaient se ranger à côté des cornues qui les attendaient. Ah ! si les Parisiens du temps de Louis XIV, qui bénissaient La Reynie quand le sonneur passait le soir dans les rues pour donner le signal de l'allumage des chandelles, pouvaient, subitement ressuscites, voir quels miracles on accomplit sans peine aujourd'hui pour avoir un éclairage suffisant, ils croiraient volontiers que cela n'est qu'œuvre du démon. Jadis on a brûlé des gens pour moins que cela.

Au bout de quatre heures, on retire le tampon de la cornue ; l'opération première est terminée, la distillation est complète. Le charbon de terre s'est débarrassé du gaz qu'il contenait, et il est devenu du coke ; il est d'un rose vif pailleté d'escarboucles. A l'aide d'un crochet de fer, les déluteurs le retirent de la cornue ; il tombe sur le sol couvert de poussière, n'y brille pas longtemps, et au contact de l'air froid prend promptement une teinte neutre et noirâtre. A coups de pelle on le recueille, on le jette dans des chariots en tôle, et l'on va le verser dans la cour, où il est rapidement éteint sous l'eau dont on l'asperge. Amoncelé dans les chantiers à coke, il chauffera les batteries à gaz, s'en ira alimenter la cuisine des restaurants, brûlera dans les cheminées économiques et dans les poêles manomètres qui enlaidissent l'atelier des peintres. La consommation de la houille est énorme : l'usine de La Villette, pendant l'hiver, lorsque la nuit est longue, en absorbe environ 720,000 kilogrammes par jour ; en été, 330,000 kilogrammes suffisent. Pendant l'année 1872, la Compagnie parisienne en a brûlé pour la somme de 12,362,000 francs. Les houilles que l'on emploie sont de diverses provenances, on les mêle approximativement dans des proportions que l'expérience a indiquées ; on a calculé que 1,000 kilogrammes de charbon produisent 520 kilogrammes de coke et une quantité de gaz qui varie entre 255 et 275 mètres cubes.[1]

1 Voici du reste les calculs moyens sur lesquels on base l'assiette de l'impôt dont la fabrication du gaz est frappée : une tonne (1,000 kilogr.) de houille distillée fournit, à la vente 265 mètres cubes de gaz, 13 hectolitres de coke pesant 520 kilos et 50 kilos de goudron. Chacune de ces matières étant soumise à un impôt particu-

Quoique devenu invisible, le gaz n'échappe pas à l'action méthodique qui doit le rendre pur et lui donner les qualités spéciales qu'on est en droit d'en exiger. Pour qu'il soit propre aux usages publics et domestiques, on doit le purger des matières étrangères qui l'alourdissent, et neutraliseraient en partie ses facultés éclairantes. Ces matières ne sont point à dédaigner ; on les récolte avec soin, et depuis quelques années la science est parvenue à leur arracher une quarantaine de produits et de sous-produits, qui sont une source de richesses considérables pour notre industrie et même pour la thérapeutique, car à côté des teintures on trouve les alcalis, et le brai n'est pas loin de l'acide phénique. Le gaz, s'échappant de la houille en ignition, entraîne avec lui des eaux ammoniacales et des goudrons qui, réunis dans le barillet, conduits dans un canal souterrain par le tuyau vertical, sont centralisés dans une large citerne construite en pierres meulières, et que sans doute quelque ancien soldat de Crimée, employé à l'usine, a baptisée *la tour Malakof*. Là les parties liquides et solides sont séparées : les unes s'en iront toutes seules, par une canalisation cachée dans le sous-sol, jusqu'à la distillerie, où elles deviendront des alcalis de premier choix et des sulfates d'ammoniaque très recherchés comme engrais par l'agriculture ; les autres, dirigées de la même façon vers l'usine à goudron, remarquablement outillée, se débarrasseront des huiles lourdes qu'elles conservaient encore, et feront un brai d'une grande puissance. Jamais l'axiome de l'industrie moderne, il ne doit pas y avoir de résidu, — n'a été mieux mis en pratique qu'à La Villette. Tout y est utilisé, et il faut qu'un morceau de houille ait été absolument vitrifié par le feu pour qu'on ne trouve pas moyen d'en extraire quelques parcelles de coke combustible.

Il ne suffit pas au gaz d'avoir « barboté » dans l'eau qui remplit la partie inférieure du barillet pour s'être purgé de tous les éléments qu'il doit perdre. Cette première opération ne lui enlève que les matières les plus encombrantes ; il est gras encore, et ne produirait qu'une clarté fumeuse. Du collecteur où il s'est élevé, il descend dans une série de tuyaux recourbés au sommet, communiquant les uns avec les autres et qu'on nomme les condenseurs ; en style d'usinier cela s'appelle des jeux d'orgues. Si ce gros instrument était

lier, il en résulte que la tonne de houille distillée acquitte des droits équivalant à 29 fr. 80 cent., ce qui est énorme et représente le quadruple de ce que paie la houille destinée au chauffage domestique et industriel.

muni de clés et d'une embouchure, il pourrait servir d'ophicléide à Gargantua. Le gaz s'y promène, et s'y refroidit en passant le long des surfaces de fonte qui sont en contact avec l'air extérieur ; là il ne se purifie pas, il se condense. Une machine pneumatique, qui a le grand avantage de besogner en silence, fait le vide dans des conduits souterrains aboutissant au condenseur et attire le gaz dans d'énormes colonnes cylindriques ayant 1m,50 de diamètre et dont l'intérieur est garni de corps rugueux, coke, fragments de briques, de pierres meulières. Ce sont les laveurs : vivement aspiré par l'action de la machine, le gaz y pénètre avec une certaine force, se glisse à travers toutes les aspérités qui encombrent la cavité, et, en les frôlant, abandonne les parties goudronneuses et solides dont il est encore alourdi. Cette fois le voilà devenu léger, « maigre, » comme l'on dit ; cependant il est encore imprégné d'ammoniaque, élément mauvais pour la combustion et dont il faut le délivrer. On y parvient facilement en le poussant dans de grandes cuves en tôle fermées, où il circule à travers des claies couvertes de sciure de bois mêlée de peroxyde de fer qui se combine avec les produits alcalins et sulfureux, s'en empare et l'en débarrasse. Quand ce mélange est trop chargé d'ammoniaque, on l'étend au grand air, où il se vivifie et reprend les qualités épuratives qui lui sont propres. Cela sent fort mauvais, et Rabelais dirait : « Ça pue bien comme cinq cents charretées de diables. » L'inhalation de cette acre et pénétrante odeur a été très recommandée pour les malades de la poitrine ; ce fut la mode pendant un temps, et tous les enrhumés assiégeaient l'usine à gaz. Lorsque le peroxyde de fer est devenu tellement infect qu'on ne peut plus l'utiliser, on le livre à l'industrie, qui en fait du bleu de Prusse.

Le gaz est à point, les goudrons, les eaux ammoniacales l'ont abandonné ; il est pur et prêt à nous éclairer. On en a fait l'essai : sous une cloche de verre qu'il remplit, on a suspendu une fiche de papier trempée dans une solution d'acétate de plomb concentrée ; le papier n'a pas bruni, donc l'épuration est complète. On en a mesuré le pouvoir éclairant ; 100 mètres de gaz et 10 grammes d'huile fine de colza ont produit une lumière absolument semblable et ont été consommés dans le même laps de temps. Le gaz hydrogène carboné répond donc à toutes les conditions requises, il est conforme aux stipulations du cahier des charges imposées par la préfecture de la

Seine et acceptées par la compagnie ; il n'y a plus qu'à l'emmagasiner pour pouvoir le livrer régulièrement à la consommation publique. Franchissant une assez longue distance par des conduites enfouies sous terre, il pénètre dans les réservoirs qu'on a imaginés et construits spécialement pour lui. Qui ne connaît les gazomètres ? Qui n'a vu ces énormes cloches en fer boulonné baignant par la partie inférieure dans une citerne en maçonnerie, armées de bras articulés qui leur permettent de s'élever ou de s'abaisser selon que le gaz qu'elles contiennent est plus ou moins abondant ? Il y en a quatorze à l'usine de La Villette, dont l'un, de dimensions colossales, peut recevoir 30,000 mètres cubes ; le gaz y arrive d'un côté et s'en échappe de l'autre pour prendre route vers les larges tuyaux en fonte qui le distribuent dans Paris tout entier.

Partie III

Placée contre les fortifications, l'usine a couru quelques dangers pendant la guerre. Dès le mois d'août, le gouverneur de Paris se préoccupait des dégâts qu'une explosion de gazomètre pourrait produire dans le mur d'enceinte. On rassura le général Trochu, qui s'était trop hâté de s'effrayer, et les ingénieurs spéciaux vécurent dans une sécurité que les faits n'eurent pas à démentir. A l'usine d'Ivry, un obus traversa un des récipients, le gaz s'enflamma, brûla extérieurement en une forte gerbe de feu pendant huit minutes, et s'éteignit de lui-même faute d'aliment. A La Villette, un obus tomba et éclata dans un des gazomètres ; le revêtement de tôle fut perforé, le gaz profita des ouvertures pour s'en aller, et il n'en fut que cela. Lorsqu'aux dernières heures de la bataille des sept jours la France réussit enfin à reconquérir Paris, l'usine, placée entre deux batteries hostiles, ne fut point épargnée ; en une heure, le 27 mai 1871, il n'y tomba pas moins de 95 projectiles explosibles. Pendant cette époque exécrable, tout le personnel de l'usine fut à son poste, chargeant les cornues, brûlant le coke, épurant le gaz. Ce n'est pas qu'on ne l'ait sollicité de se joindre à l'insurrection, mais il fut inébranlable. On savait que pendant les mois actifs de l'hiver l'usine emploie environ 1,100 ouvriers, et qu'en été, lors de la morte saison, elle trouve d'ingénieux moyens pour en occuper encore au moins 600. C'était là de quoi former quelques-uns de ces bons bataillons de vengeurs qui défilaient dans nos rues précédés de cantinières et suivis d'omnibus chargés de tonneaux de vin. On ne manqua pas d'essayer l'embauchage ; le régisseur de l'usine, qui me paraît être un homme fort entendu et sans timidité, laissa pénétrer des insurgés sans armes. Ceux-ci se rendirent dans les ateliers, ils invoquèrent les droits du peuple outragés, la fraternité humaine, l'Internationale, la haute-paie, les distributions d'eau-de-vie, la gloire d'émanciper les cinq parties du monde, qui n'attendaient qu'un signal pour proclamer la commune universelle ; les ouvriers gaziers levèrent les épaules, mirent les faiseurs de propagande à la porte, et les engagèrent à ne plus revenir.

Les travaux ne furent interrompus qu'au moment le plus ardent du combat, lorsque nul ne pouvait se hasarder dans les cours sans risque d'être tué ; ils furent repris dès que la lutte se déplaça. En effet, s'il est une usine qui ne peut jamais chômer, c'est celle-là car elle nous donne la vie et la sécurité nocturnes. Paris, qui a tant regimbé autrefois contre le gaz, s'y est fort accoutumé, et la consommation qu'il en fait augmente chaque année dans des proportions qu'il est utile de connaître : 40,777,400 mètres cubes en 1855, — 116,171,727 en 1865, et 147,668,330 en 1872 ; en seize, ans, l'augmentation est de 107 millions de mètres cubes. Pour envoyer cette énorme quantité de gaz sur le lieu même où il doit être employé aux usages publics et particuliers, il faut des conduites en fonte circulant sous le sol de Paris, suivant le trajet de toutes les rues, et pouvant recevoir les branchements des maisons riveraines. Cette canalisation, avec les ramifications innombrables qu'elle comporte, atteignait au 1er janvier 1873 le total de 1,132,022 mètres, et de 1,543,029, si l'on tient compte de 411,007 mètres de tuyaux qui, franchissant les fortifications, vont porter la lumière à quelques villages voisins.

La compagnie n'est pas libre de placer ses conduites où bon lui semble ; l'ingénieur éminent chargé du Paris souterrain lui indique le tracé qu'elle doit suivre. Bien des précautions sont à prendre que la théorie indique et que l'expérience a confirmées ; il faut éviter de se rapprocher des aqueducs et des conduites qui nous amènent l'eau, car on pourrait communiquer à celle-ci une saveur détestable ; il faut s'éloigner des égouts, ne jamais profiter de cette grande route ouverte pour s'y loger, car il suffirait d'une fuite pour les remplir

Maxime Du Camp

de gaz qui, s'enflammant au contact de la première lampe apportée par un ouvrier, ferait sauter tout un quartier. Les conduites de gaz doivent donc cheminer par une route particulière et isolée, de façon à donner aux accidents le moins de chances possible de se produire. Sous ce rapport, il n'y a pas à se plaindre : les explosions deviennent de plus en plus rares. L'administration de la ville, qui tire parti de tout, et qui fait bien en présence des charges écrasantes qui lui incombent, n'abandonne pas son sous-sol sans profit : elle le loue à forfait pour la somme de 200,000 fr., que la compagnie lui verse chaque année. De plus, celle-ci rembourse tous les frais de pavage que nécessite la pose des tuyaux ; ces frais se sont élevés à 179,667 fr. en 1869, et sont évalués à 100,000 fr. dans le budget municipal de 1873. La Compagnie parisienne est privilégiée, il est vrai, mais son privilège lui coûte cher. Au lieu de payer l'impôt d'octroi dont l'entrée des houilles est frappée à Paris, elle acquitte un droit fixe de 2 centimes par mètre cube de gaz fabriqué ; de ce seul chef, elle a payé 2,508,953 fr. en 1872 : de plus, un traité intervenu le 7 février 1870 l'oblige à verser sur les bénéfices, à la caisse de la ville, une part proportionnelle qui a été de 5 millions. La ville de Paris a donc en 1872 touché 7,708,953 fr. de la compagnie du gaz ; c'est là une grosse somme : elle représente la taxe de l'éclairage public.

Celui-ci fonctionne, il faut le reconnaître, d'une façon irréprochable. Le système de l'allumage est combiné de telle sorte que Paris entier est éclairé presque subitement. Les 750 allumeurs, portant en main la grande gaule surmontée d'une petite lampe que protège une robe de tôle percée de trous, se mettent en marche, ouvrent le robinet de chaque candélabre, enflamment le bec qui produit un jet de lumière en forme de papillon, et ont fourni en 40 minutes un trajet équivalant à 1,500 kilomètres environ. L'extinction va plus vite encore, et n'exige même pas une demi-heure. Le nombre des appareils lumineux répandus dans Paris aujourd'hui contient 36,573 becs exclusivement réservés à l'éclairage public. Pendant la nuit des fêtes publiques, — lorsqu'il y en avait, — le spectacle des illuminations par le gaz, où de longs rubans de feu dessinaient le couronnement de l'Arc de Triomphe, reproduisaient les contours de l'Hôtel de Ville, s'allongeaient en colliers de perles étincelantes dans les Champs-Elysées, était réellement féerique.

C'était par millions alors qu'il fallait compter les « trous » par où le gaz poussait la flamme agile qui ressemble à une fleur d'or pâle sortant d'un calice bleu.

Croirait-on qu'à l'heure qu'il est, avec des usines outillées de main de maître et produisant un volume de gaz presque illimité, on trouve encore dans Paris le vieux réverbère, le réverbère graisseux, n'éclairant pas, pendu comme un malfaiteur et représentant le dernier vestige d'un âge oublié ? Pourquoi ce fossile de l'éclairage n'a-t-il pas été rejoindre les coucous, les porte-falots et les chapeaux bolivar dont il fut le contemporain ? Que fait-il au-dessus de nos. voies publiques ? il proteste en faveur d'un passé qui ne reviendra pas et qui n'a plus de raison d'être ; on peut s'étonner que le personnage important qui est chargé de la direction des travaux de Paris n'ait pas fait remplacer par des candélabres à gaz les 924 lanternes à l'huile dont nous étions encore sottement encombrés au 1er janvier 1873.[1]

Nous ne profitons pas seulement de l'éclairage public, nous jouissons aussi pour une bonne part de l'éclairage des cafés et des magasins ; nos anciens boulevards, les passages, les galeries du Palais-Royal, quelques rues appartenant aux quartiers riches, reçoivent, jusqu'à dix ou onze heures du soir, plus de clarté des particuliers que de l'administration municipale. Certaines places sont encore fort obscures, et l'on ferait bien d'y multiplier les candélabres ; l'absence de boutiques semble les condamner à une ombre perpétuelle, et l'éloignement de toute maison contribue à y entretenir l'obscurité. En effet, la lumière qui pénètre nos rues est bien moins directe que l'on ne croit ; elle est surtout réfléchie. Le point éclairant des candélabres frappant sur les murailles planes et blanches de constructions voisines est renvoyé par celles-ci sous forme de nappes lumineuses qui diffusent la clarté et en augmentent singulièrement l'effet. Toute lumière, pour être convenablement employée à des services généraux et publics, doit pouvoir s'éparpiller, se fractionner à l'infini ; sans cela elle reste un

1 Il y a progrès cependant ; au 1er mai, il ne restait plus à Paris que 898 réverbères, auxquels il convient d'ajouter 7 lanternes rouges fixées aux portes de sept commissaires de police, et 9 réverbères suspendus dans les rues de l'entrepôt des vins ; c'est encore un total de 914 qu'il faut se hâter de décrocher. En présence des 7 millions 1/2 que la ville reçoit pour notre éclairage, Paris a droit au gaz jusque dans ses ruelles les moins habitées.

Maxime Du Camp

foyer restreint, éclatant, mais impropre à satisfaire aux exigences d'une grande ville. Il en est ainsi de la lumière électrique : elle éblouit et n'éclaire pas ; dans bien des circonstances, elle peut être utilisée, mais on n'est pas encore parvenu à en faire un agent d'éclairage régulier.

Le gaz entre chaque jour de plus en plus dans nos habitudes domestiques ; avant cent ans, il n'y aura si petite mansarde qui n'ait son bec lumineux et son robinet d'eau. Ce sera là un grand progrès, mais on ne s'arrêtera pas là on reconnaîtra que c'est un mode de chauffage économique et plus préservateur d'incendie qu'aucun autre ; il remplacera les fourneaux insupportables de chaleur que Paris installe dans ses cuisines trop étroites. Sous ce rapport et depuis longtemps, les Anglais nous ont montré ce qu'il y avait à faire. Presque tous les marchands de Londres habitent la campagne ; ils arrivent à leur boutique le matin, et le soir s'en vont dîner chez eux. Ils ont tous dans leur arrière-magasin un petit appareil à trois compartiments : avec une allumette, il est en feu ; dix minutes après, la côtelette est cuite, et il y a de l'eau bouillante pour les œufs à la coque et pour le thé. Nous n'en sommes pas encore là ; mais cela viendra, car les abonnements particuliers augmentent singulièrement ; ils étaient au 31 décembre 1872 de 94,774.[1] Presque toutes les maisons neuves ont le gaz aujourd'hui ; s'il brûle dans les cours intérieures et dans l'escalier, il n'a pas encore droit de cité dans les appartements ; on l'admet dans l'antichambre, quelquefois même dans la salle à manger, mais on ne le reçoit pas dans le salon. Pourquoi ? Il fane les tentures. C'est le seul motif qu'on ait pu me donner, et il n'a aucune valeur : je connais un homme hardi qui n'est éclairé qu'au gaz, et ses rideaux ne s'en portent pas plus mal.

Le gaz fut notre auxiliaire pendant la guerre ; lorsque Paris subissait le blocus des armées allemandes, ce fut lui qui nous permit de parler à la province : si nous n'apprîmes rien des événements extérieurs, au moins nous fut-il possible de raconter ce qui se passait ici. Ce fut la Compagnie parisienne qui fournit la quantité de gaz hydrogène nécessaire pour gonfler ces ballons courageux où l'on mit parfois tant et de si poignantes espérances,

---

1 On compte à Paris environ 850,000 becs de gaz particuliers ; en 1872, la consommation des théâtres a été de 2,400,000 mètres cubes.

que les événements ont déçues. L'histoire expliquera sans doute par suite de quelles circonstances particulières on ne put profiter de ce moyen de communication pour combiner une action commune destinée à faire un effort d'ensemble qui pût offrir au moins quelques chances de succès. L'usine de La Villette, où j'ai conduit le lecteur, se signala par une activité pleine de dévouement. « Quand nous étions prévenus qu'un ballon devait partir, me disait-on, on redoublait d'efforts pour obtenir un gaz d'une pureté irréprochable. » Ces services rendus à la grande cause paraissent n'avoir laissé qu'un souvenir bien fugitif dans la mémoire d'une certaine portion de la population de Paris, car aux derniers jours de la commune ce fut par miracle et grâce à l'indomptable énergie des employés que l'usine put échapper à la folie des incendiaires.

ISBN : 978-1533286284

Maxime Du Camp

www.ingramcontent.com/pod-product-compliance
Lightning Source LLC
Chambersburg PA
CBHW070340190526
45169CB00005B/1976